二十四节气里的植物图鉴

蓝草帽/文

罗　悦/图

黑龙江美术出版社

Heilongjiang Fine Arts Publishing House

图书在版编目（CIP）数据

二十四节气里的植物图鉴 / 蓝草帽文；罗悦图 . --
哈尔滨：黑龙江美术出版社，2020.12（2021.9）重印
ISBN 978-7-5593-6440-1

Ⅰ. ①二… Ⅱ. ①蓝… ②罗… Ⅲ. ①二十四节气－少儿读物 Ⅳ. ① P462-49

中国版本图书馆 CIP 数据核字 (2020) 第 161838 号

ERSHISI JIEQI LI DE ZHIWU TUJIAN

二十四节气里的植物图鉴

作　　者 / 蓝草帽 文 罗 悦 图
责任编辑 / 颜云飞
出 版 人 / 于 丹
特约编辑 / 王 蓓
封面设计 / 黄 亿
装帧设计 / 潘伊莎
选题策划 / 王 蓓
营销推广 / 童立方
出版发行 / 黑龙江美术出版社
地　　址 / 哈尔滨市道里区安定街225号
邮政编码 / 150016
发行电话 /（0451）84270524
印　　刷 / 河北彩和坊印刷有限公司
开　　本 / 16　889mm × 1194mm
印　　张 / 5
版　　次 / 2020年12月第1版
印　　次 / 2021年9月第2次印刷
书　　号 / ISBN 978-7-5593-6440-1
定　　价 / 68.00元

二十四节气和七十二候时间表

春

立春 公历 2 月 3 ~ 5 日之间交节
初候，东风解冻
二候，蛰虫始振
三候，鱼陟负冰

雨水 公历 2 月 18 ~ 20 日之间交节
初候，獭祭鱼
二候，候雁北
三候，草木萌动

惊蛰 公历 3 月 5 ~ 6 日之间交节
初候，桃始华
二候，仓庚鸣
三候，鹰化为鸠

春分 公历 3 月 20 ~ 21 日之间交节
初候，玄鸟至
二候，雷乃发声
三候，始电

清明 公历 4 月 4 ~ 6 日之间交节
初候，桐始华
二候，田鼠化为鴽
三候，虹始见

谷雨 公历 4 月 19 ~ 21 日之间交节
初候，萍始生
二候，鸣鸠拂其羽
三候，戴胜降于桑

夏

立夏 公历 5 月 5 ~ 6 日之间交节
初候，蝼蝈鸣
二候，蚯蚓出
三候，王瓜生

小满 公历 5 月 20 ~ 22 日之间交节
初候，苦菜秀
二候，靡草死
三候，麦秋至

芒种 公历 6 月 5 ~ 7 日之间交节
初候，螳螂生
二候，䴗始鸣
三候，反舌无声

夏至 公历 6 月 21 ~ 22 日之间交节
初候，鹿角解
二候，蜩始鸣
三候，半夏生

小暑 公历 7 月 6 ~ 8 日之间交节
初候，温风至
二候，蟋蟀居壁
三候，鹰始鸷

大暑 公历 7 月 22 ~ 24 日之间交节
初候，腐草为萤
二候，土润溽暑
三候，大雨时行

秋

立秋 公历 8 月 7 ~ 9 日之间交节
初候，凉风至
二候，白露降
三候，寒蝉鸣

处暑 公历 8 月 22 ~ 24 日之间交节
初候，鹰乃祭鸟
二候，天地始肃
三候，禾乃登

白露 公历 9 月 7 ~ 9 日之间交节
初候，鸿雁来
二候，玄鸟归
三候，群鸟养羞

秋分 公历 9 月 22 ~ 24 日之间交节
初候，雷始收声
二候，蛰虫坯户
三候，水始涸

寒露 公历 10 月 7 ~ 9 日之间交节
初候，鸿雁来宾
二候，雀入大水为蛤
三候，菊有黄华

霜降 公历 10 月 22 ~ 24 日之间交节
初候，豺乃祭兽
二候，草木黄落
三候，蛰虫咸俯

冬

立冬 公历 11 月 7 ~ 8 日之间交节
初候，水始冰
二候，地始冻
三候，雉入大水为蜃

小雪 公历 11 月 22 ~ 23 日之间交节
初候，虹藏不见
二候，天气上升地气下降
三候，闭塞而成冬

大雪 公历 12 月 6 ~ 8 日之间交节
初候，鹖旦不鸣
二候，虎始交
三候，荔挺出

冬至 公历 12 月 21 ~ 23 日之间交节
初候，蚯蚓结
二候，麋角解
三候，水泉动

小寒 公历 1 月 5 ~ 7 日之间交节
初候，雁北乡
二候，鹊始巢
三候，雉始雊

大寒 公历 1 月 19 ~ 21 日之间交节
初候，鸡乳
二候，征鸟厉疾
三候，水泽腹坚

二十四节气和七十二候的由来

一年有四季，根据大自然的变化，我国古代劳动人民将一年划分为二十四个节气和七十二候，以每五日为一候，诠释大自然的馈赠，三候凑成一个节气，六个节气组成一个季节，季节不断更替轮回。

立春

立春，二十四节气中的第一个节气，每年的公历2月3～5日之间交节，季节更替，春天如期而至。

一年之计在于春，春天的脚步近了，但天气远没有想象中暖和。人们刚一出门，就被一阵迎面袭来的凉风吹得瑟瑟发抖，怪不得要“春捂”呢。远处的田埂间，小草已经从泥土里钻出来，穿上了绿衣裳，正欣赏春天的美景呢！

白玉兰

一朵朵玉兰花悄悄绽放枝头。它们喜欢晒太阳，把家安在肥沃、湿润、排水好的土壤中。告诉你个小秘密哦，玉兰树先开花后长叶子。

植株：10～17米 花期：3～4月 果期：9～10月

花椰菜

花椰菜还有两个可爱的名字：花菜和菜花。在我国很多地方，都能见到花椰菜家族的成员，因为温度不同，它们成熟的日子也不同。花椰菜一般60～90厘米高，身穿绿衣服，顶着一个大花球。千万别小看这个花球，里面储存着很多营养。它味道鲜美，营养易吸收，还是防癌高手呢！

植株：60～90厘米 花期：春季 成熟期：春、夏季

初候，东风解冻

东风指的是春风。在我国岭南地区，早春气息渐浓，春风送来了丝丝暖意；而在北方，春风虽然比凛冽的寒风温柔许多，却依然寒意十足。立春到来，天气开始回暖，冰封的大地渐渐解冻，万物复苏。

胡萝卜

胡萝卜喜温耐寒，缨子像毽子，块根严严实实地藏在沙壤土中。春季播种，秋季采挖。在我国不同地区，成熟时间各不相同。它体内的胡萝卜素是维生素A的主要来源，而维生素A能防止细菌感染，预防感冒和过敏。

植株：60厘米

雨水

雨水，二十四节气中的第二个节气，每年的公历2月18～20日之间交节。这是一个反映降水现象的节气。

严寒冬雪已远去，大地回春，人们踏上松软的土地，闻着花草的芬芳，感受着泥土的气息。万物欣欣向荣，农民伯伯开始整地、施肥。春雨贵如油，一场淅淅沥沥的小雨过后，柳树抽出了新芽，随风摇曳。

油菜花

“冬天发芽，春天开花，蜜蜂纷纷来采蜜，花落结果可榨油。”说的正是油菜花。每年二月，是云南罗平县的油菜花盛开得最美的时候。这里是我国油菜花开得最早的地方，一大片一大片黄色花朵随风荡漾，渲染了田野和村庄，宛若一幅画卷，美不胜收。

植株：1米 花期：2～4月 果期：5～6月

橙子

都说橙子富含维生素C，殊不知它还含有一种特殊的维生素P，负责保护维生素C。即使你切开或加热橙子，它也能让维生素C最小程度流失，真是太厉害了！

植株：2～3米 花期：4～5月

成熟期：10～12月，翌年2～4月

初候，獭祭鱼

鱼群感知温暖，开始跃出水面游玩，这让饿了一个冬天的水獭有了可乘之机。水獭喜欢吃鱼，趁机抓了很多条鱼，并将鱼整齐地摆在岸边，如同先祭后食的样子。

橘子

原生橘子一般在秋季成熟，后因种植技术的发展，便有了春橘和冬橘。剥开扁圆橘子的橙红色外皮，就能看到里面的白色橘络，一瓣一瓣多汁的果肉，酸甜可口。橘子身体里藏着的维生素 A 对治疗夜盲症很有用。

植株：2 米 成熟期：春、秋、冬季

迎春花

刚到二月，天气透着几分寒意，园子里的迎春花争先恐后地结起了嫩黄色的小花苞。当百花还没有开放时，迎春花已经张开笑脸，迎接春天的到来。它们不怕冷，不择风土，是一种特别坚强的花。

植株：0.3 ~ 5 米 花期：2 ~ 4 月

三候，鱼陟负冰

河里的冰开始融化，水中的鱼儿争先恐后地向上游。此时水面上漂浮的碎冰片，如同被鱼儿负着一般，想必鱼儿们早就迫不及待地要迎接春天的到来吧！

二候，蜇虫始振

春天来了，冬眠的小动物感受到家里忽然变得暖和起来，睡了整个寒冬的它们苏醒了过来，一个个伸着懒腰，扭着身子，快活极了。

菜

园子里的荠菜进入成熟期了，早道它喜欢温暖的天气，谁知前些寒冷的天气也没能影响它生长。是荠菜采摘的最好时节，将摘下荠菜去掉白色的根、茎，留下嫩叶，碗荠菜馄饨最棒了！

：10 ~ 55 厘米 花期：3 ~ 6 月

期：4 ~ 6 月

韭菜

韭菜嫩嫩的茎叶里藏着维生素 C、维生素 B1 和纤维素等营养成分，它是消化和消炎的小助手。韭菜割一茬，长一茬。初春时节的韭菜最好吃也最有营养，但切忌贪吃哦。

植株：20 ~ 45 厘米 花期：春、夏、秋季

成熟期：春、夏、秋季

豌豆苗

园子里的豌豆苗破土而出，生长了 20 多天，一个个身材苗条，顶着几片心形的嫩叶，小叶为卵圆形。豌豆苗可在家庭无土种植或田间有土种植，无土种植只能吃一茬，田间种植可多次采收。

植株：10 ~ 15 厘米 花期：春、秋季 成熟期：春、秋季

二候，候雁北

天空中，一群大雁排成整齐的“人”字形队伍，飞过山川和田野，化身春的使者，从南方赶来报春喽！领头雁为了帮后面的大雁在遥远的旅途中节省力气，才自己打头阵，组成这样的队伍。

蒜苗

菜园里的蒜苗已经长到35厘米高了，它们一根根挺拔向上，努力生长。蒜苗是大蒜的幼苗，保留了大蒜的香辣，营养丰富，对预防流感有一定的作用。

植株：35厘米 成熟期：四季

圆叶莴笋

圆叶莴笋根部很浅，吸水能力不强，所以喜欢住在沙土里。这种越冬莴笋不怕寒冷，在春季成熟。它的叶片呈长倒卵形，顶部稍圆。小朋友你知道吗？多吃莴笋对身体好，它能补充维生素C，帮助牙齿生长和促进骨骼发育哦。

植株：25 ~ 100 厘米 成熟期：春季

杏花

雨水时节，杏花绽放。杏花姑娘是个变色高手：结花苞时，穿上红艳艳的衣衫；绽放时，颜色渐渐变淡；凋谢时，变得雪白雪白的，扮靓了早春时节。

植株：5 ~ 10 米 花期：3 ~ 4 月 果期：6 ~ 7 月

春笋

春笋熬过寒冷的冬天，满血复活，快速生长。立春以后采挖的春笋又白又胖，味道鲜美，因此被称为“菜王”。这时候，村民们会留下长势好的春笋，用来养育新竹。

植株：10 ~ 28 厘米 成熟期：春季

三候，草木萌动

花草树木经受住严寒的考验，慢慢抽出了嫩芽，宣告春天的到来。从此，大地呈现出一派生机勃勃的景象。

惊蛰

惊蛰，二十四节气中的第三个节气，每年的公历3月5～6日之间交节。它的到来预示着我国大部分地区春耕正式开始了。

九九艳阳天，漫山遍野的桃花盛开了，黄鹂飞上枝头开始鸣叫，滚滚春雷汹涌而至。人们常说，是雷声惊醒了冬眠的小动物，其实它们是因为天气转暖才出来溜达的。

初候，桃始华

桃树的枝丫在严冬时蛰伏，到了阳春三月，便热闹盛放，漫山遍野都是醉眼的桃花。桃花由花托、花萼、花冠、雄蕊和雌蕊构成。走进桃园，各色的桃花迎风起舞，阵阵花香扑鼻而来。

二候，仓庚鸣

桃红柳绿的季节，林间也多了一抹明黄的身姿。清晨，人们被大自然的歌唱家黄鹂清脆的歌声叫醒了。它总是伴着融融春色，带着喜悦而来，是一种寓意吉祥的鸟儿。

春分

春分，二十四节气中的第四个节气，每年的公历3月20～21日之间交节。这一天夜晚，北斗七星指向正东方向。

春分前后，燕子北归，满天的柳絮飘飞，小麦也冒了尖。这个时节，下雨时常伴有电闪雷鸣。田地间，人们在忙着干农活，空闲时还会比谁能更快地竖起鸡蛋。郊外，孩子们三三两两聚在一起放风筝。蔚蓝的天空点缀着几朵棉花似的白云，小朋友们在大自然里欢快地追着，赶着，晒着日光浴，享受大好春光。

梨花

梨树是我国土生土长的植物，已有两千多年历史了，家族品种繁多。春天到了，雪白的梨花开满枝头，飘着淡淡的花香。梨花先于叶子开或与叶子同时开放，五片花瓣。如果想看梨花，河北省赵县梨花和安徽省砀山梨花值得一去。

花期：2～5月 果期：秋季

初候，玄鸟至

“小燕子，穿花衣，年年春天来这里……”耳边响起了熟悉的歌谣。这会儿，屋檐下的燕子正飞进飞出地衔泥巴修补巢穴呢。燕子怕冷，北方的冬天又很难捕到虫子，它们会选择飞往海南省、台湾省或更遥远的东南亚地区。当春天天气回暖时，它们便会飞回北方。

苦笋

苦笋，野生在山中。人们常用“如雨后春笋般生长”来形容事物发展快，是因为笋的生长速度惊人。出土20厘米左右的苦笋最美味，错过这个时期，苦笋就长成竹子了。人们会在雨后或清晨去挖笋，因为经过雨水和晨露滋润的苦笋口感最棒，白白嫩嫩的，又脆又香。

植株：30～40厘米 成熟期：1～4月

三候，鹰化为鸠

惊蛰节气前后，动物开始繁殖。此时鹰飞回北方，忙着藏起来繁衍后代；而原本蛰伏的鸠活跃起来，鸣叫求偶，在古人看来就如同鹰化成了鸠一般。

蔷薇花

暖暖阳光下，搭个小篱笆，蔷薇花爬呀爬，开出红艳艳的小花朵。蔷薇花性格坚强，不畏严寒，能在北方的院子里安全越冬。你不妨在阳台上放上一盆蔷薇花，既美观又能净化空气。

植株：3 ~ 4 米 花期：3 ~ 9 月 成熟期：9 ~ 10 月

空心菜

空心菜的茎是一节一节的，每一节中间都是空的。它们喜欢温暖湿润的地方，多数生长在我国南方地区。它们既能生活在水田里又能生活在泥土里，是水陆两栖植物。空心菜身体里的叶绿素被称为“绿色精灵”，有美白和清洁牙齿的功效。

植株：25 ~ 35 厘米 花期：春、夏季 成熟期：春、夏、秋季

西蓝花

西蓝花，似花非花，是甘蓝家族的一员，碧绿如翠，嫩茎和花蕾可以吃。西蓝花在蔬菜营养排行榜上名列前茅，丰富又全面，更是防癌高手。

植株：1 米 花期：四季 成熟期：四季

二候，雷乃发声

一声惊雷过后，春雨如期而至。一场春雨一场暖，万物被雷声唤醒，开始在成长的路上狂奔，直至夏天，不肯停歇。

三候，始电

雷鸣过五日，就能看见闪电。温柔的春姑娘发起脾气可真吓人，她或许在提醒人们，春耕的大忙时节到了，千万别放松。

香椿

早春时节，香椿树的树梢争先恐后地长出了嫩芽，每个树枝顶端大概有五六根顶芽。这时候采摘的头茬椿芽肥嫩鲜美,含有丰富的维生素和微量元素。香椿树的品种很多,根据芽苞和叶子的颜色,可以分为紫香椿和绿香椿两大类。香椿拌豆腐、香椿摊鸡蛋都是营养丰富的菜品。

植株：10 多米 花期：6 ~ 8 月 果期：10 ~ 12 月

辛夷

辛夷，别名紫玉兰。两千多年前的中国大地上，盛放着美丽的紫玉兰，花朵呈紫色或紫红色，芳香淡雅。树皮呈黑褐色，小枝为淡褐紫色或绿紫色，幼嫩的椭圆形的叶子生有短毛，花蕾名辛夷，晒干后可入药，对治疗鼻病很有效果。

植株：15 米 花期：3 ~ 4 月

海棠

海棠树的树枝幼时是褐色的，长大后会变成红褐色或紫褐色；叶子是椭圆形或长椭圆形，有稀疏的短毛，会渐渐消失不见；花朵鲜艳夺目，可净化空气，美化环境。海棠果酸甜可口，可以做成蜜饯、罐头。

植株：8 米 花期：4 ~ 5 月 果期：8 ~ 9 月

清明

清明，二十四节气中的第五个节气，每年的公历4月4～6日之间交节，此时春意正浓。

“燕子来时新社，梨花落后清明。”二十四节气中，数清明最特别，因为它既是节气又是节日。人们忙着扫墓，放歌踏青，追逐春天的脚步。这时候气温又爬高了，雨水也来凑热闹，正是春耕的大好时节。农谚说：“清明前后，种瓜点豆。”田地间随处可见忙碌的身影。

初候，桐始华

清明时节，桐花应时开放。这里的桐指的是油桐树，先开花后长叶，花瓣五片，白里透着红，花期短。桐花绽放已是春夏交替之际，预示春天即将结束。簇拥枝头的白色花朵被风吹落一地，好似春日里的白雪，让人惊叹不已。

菠萝

菠萝是热带水果的一员，有70多个种类，很多观赏菠萝一生只开一次花。大多数菠萝都生长在一个莲座状的叶丛上，底部有个蓄水叶筒，提供生长所需水分。菠萝体内的菠萝酶可能会引起过敏，记得先用盐水泡过再吃。

植株：40 ~ 90 厘米　花期：夏季至冬季　果期：四季

香葱

香葱最喜欢把家安在我国南方地区。它的鳞茎外皮有紫红色、黄白色、红褐色等。叶子中间是空的，呈圆筒形。它是靠鳞茎来分株繁衍的。用它制作的小葱拌豆腐、香葱花卷特别好吃。

植株：30 ~ 70 多厘米　花期：四季　果期：四季

马兰头

马兰头是清明时节的时令蔬菜，有红梗和青梗之分，红梗可入药。马兰头适应能力很强，无论严寒酷暑，它都不怕。清明时节采摘的马兰头嫩叶、嫩茎味道最好。

植株：30 ~ 70 厘米　花期：4 ~ 9 月　果期：8 ~ 10 月

谷雨

谷雨，二十四节气中的第六个节气，每年的公历4月19～21日之间交节。它的到来，为寒潮天气画上句号。

天空中，鸟儿在忙着觅食；花园里，花儿竞相开放；小河里，鱼儿尽情嬉戏。一阵风吹过，河边的柳絮开始随风飘扬，空气中好似能闻到阵阵花香。古人常说："雨生百谷。"这边，人们忙着种棉花、种大豆，种下沉甸甸的希冀；那边，人们采集春茶，照顾蚕宝宝，享受收获的喜悦。

棠梨

棠梨，一种野生梨，常住在荒郊、路边或山脚处。它个子不高，叶边缘有小锯齿，开小白花，花可烘干或做饼吃，果子个头小，味道有些酸涩。

植株：4～10米 花期：4～5月 果期：10月

青梅

青梅喜欢住在温暖湿润的地方，我国的海南地区最适合它们生长。球形的青梅可生吃或做成蜜饯，味道酸酸甜甜的，开胃又解渴。青梅木材不易发霉，可用来造船、制成工艺品等。

植株：20米 花期：12月至翌年1月 果期：4～5月

杜鹃花

杜鹃花枝叶茂盛，每簇花有二至六朵，花色多，有红的、杏红、白色等。它喜欢住在酸性土壤中，换成其他土壤很难长好，因此成了我国中南及西南地区的酸性土壤指示物。

植株：2～5米 花期：4～5月 果期：9～10月

牡丹

牡丹盛开时，正值谷雨节气，故又称"谷雨花"。因其植株高大，花型宽厚，色泽鲜艳，被拥戴为"百花之王"，象征团圆、富贵。中国河南洛阳是牡丹的故乡，每年4月11日～5月5日为"中国洛阳牡丹文化节"。

植株：2米 花期：5月 果期：6月

初候，萍始生

谷雨过后，降雨量增多，气温升高，浮萍开始野蛮生长，热闹了池塘。看，鸟儿在帮生病的浮萍捉虫子，鱼儿躲在浮萍下嬉戏，时不时地吞下几口填饱肚子。

三候，虹始见

一场雷雨把天空洗刷得很干净，净化了粉尘，枝叶茂盛的树木把裸土抓得更紧。清新的空气，明净的天空，几缕阳光穿透云层，遇到空气中的水滴时会转变方向，发生折射现象，部分被分解成赤橙黄绿青蓝紫七种颜色，于是就出现了漂亮的彩虹。

蕨菜

蕨菜喜欢把家安在山区的向阳坡上，它们喜欢温暖的阳光、湿润肥沃的土壤。蕨菜的叶子是三角形的，边缘微微向内卷曲，上面披着一层白色茸毛外衣。蕨菜浑身都是宝，叶芽营养丰富，根茎能入药，怪不得有“山菜之王”的美名。

植株：1 米 成熟期：春、夏季

芦笋

园子里的芦笋既不怕冷也不怕热，喜欢住在沙土地里。芦笋的白色根状茎在地下聚集能量，先端鳞芽聚生，破土而出，长出胖嘟嘟的地上茎，经太阳一晒，变成绿色。嫩茎肉质肥嫩，开黄色小花。芦笋营养丰富，有“蔬菜之王”的美称。

茎高：1 米多 成熟期：春、秋季

柳花

柳树开深褐色的花，一定要通过昆虫授粉才能开花。柳花是单性花，每朵花里只有雄蕊或雌蕊。

花期：2 ~ 3 月 果期：5 ~ 6 月

山药

山药喜欢住在温暖的沙壤土中。山药是攀缘植物，在幼苗未到 30 厘米前必须搭架，且只保留一根粗壮的主茎，要不然茎会互相争抢养分，每个都会又细又小。山药的块茎是长圆柱形，垂直深扎在土壤里，我们平时吃的就是它的块茎。

植株：1 米多

二候，田鼠化为鴽

强烈的阳光温暖了天气，这对于喜欢阴湿的田鼠来说，可不是什么好事，它们纷纷躲到地洞里。小鸟可不这么认为，阳光明媚的天气多棒呀，正好出来活动活动筋骨。

麦花

冬麦开花了。庄稼开的花，远不及观赏类花华丽，却透着一种朴实的美。麦花是白色的，开花时间短，只盛放 5 ~ 30 分钟就会凋谢，想要记录它的美还真要下一番功夫呢。

植株：1 米 花期：4 ~ 5 月 果期：6 ~ 7 月

二候，鸣鸠拂其羽

春季万物生长，雨水充沛，斑鸠长出了新的羽毛。这羽毛会让斑鸠有些不习惯，它常常会低头啄来啄去。

三候，戴胜降于桑

谷雨时节，桑树上可以看到戴胜鸟了，只见成对的鸟儿头顶五彩羽毛，嘴巴又细又尖，正在树上观察周围的动静。它们性格活泼，喜欢在潮湿开阔的地方觅食。戴胜鸟的到来，也在提醒人们：蚕宝宝要进入快速成长期了。

桑葚

桑葚是一种聚花果，果实紧密地
长圆形。熟透的桑葚是黑色或红紫色
甜可口，营养丰富。吃桑葚时常常会
手黑，这是因为桑葚被洗破后，使得
素溜出来，在你的手上涂涂画画。不要
用盐水或者维生素C水洗一洗，颜色就

植株：10 米 花期：4 ~ 5 月 果期：5 ~ 7

尖叶莴笋

尖叶莴笋绿白的身子呈棒状，披针形的叶子挨挨挤挤互生着，叶子带褶皱，开黄色小花。莴笋适应能力可强了，一年四季都能将见到它们。这种莴笋个子高，根系不深，却能吸收很多营养，拼命地补充给茎和叶子。

植株：25 ~ 100 厘米 成熟期：春、秋季

水芹

水田里的那片水芹挺拔地向上生长着。这是一种高产的蔬菜，叶柄上长着三角形的叶片，开白色的小花。它的嫩茎和叶柄最惹人爱，是餐桌上的常客。

植株：20 ~ 60 厘米 花期：春、夏季 果期：8 月

茼蒿菜

春季采摘的茼蒿菜茎叶肥嫩，有淡淡的蒿气，取名茼蒿。绿色的圆形茎叶，搭配长形的叶子，花朵的颜色是深黄的，模样很像小菊花。可食用的茼蒿分尖叶和圆叶两种。

植株：30 ~ 60 厘米 花期：5 ~ 6 月 果期：8 月

马齿苋

马齿苋的茎平躺在地上，四散生长，茎是淡绿色或暗红色，叶片又扁又厚，正面暗绿色，背面淡绿色或略带暗红色。它生命力顽强，农田间、道路旁、菜园里随处可见。马齿苋的嫩茎生吃或烹饪都可以。

植株：5 ~ 15 厘米 花期：5 ~ 9 月 果期：7 ~ 10 月

枸杞芽

春天温度升高，雨水增多，阴凉处的枸杞叶子长高了不少。枸杞的嫩叶就是枸杞芽，人们又叫它枸杞头、甜菜头，营养丰富。摘下一些枸杞芽，加点调料凉拌，入口先苦后甜，可用它来清火、壮筋骨。

植株：60 ~ 80 厘米 成熟期：5 ~ 6 月

立夏

立夏，二十四节气中的第七个节气，每年的公历5月5～6日之间交节。季节更替，夏天如期而至。

立夏时节，温度升高，雨水充沛，万物进入疯长时期。倾盆大雨过后，能听见田间蝼蝈不停地鸣叫，看到蚯蚓从土里钻出掘土，田里的王瓜也已成熟。人们开始种西瓜，顺便给果树喷药驱虫。这个节气里，大人还会将煮熟的蛋挂在小孩子胸前，用来祛病消灾。

杧果

杧果是热带水果家族中的一员，有“热带水果之王”的美称。杧果喜欢把家安在山坡上、河谷旁。一个个黄澄澄的杧果挂满枝头，咬上一口，甜蜜多汁。杧果浑身都是宝，叶子和树皮可以做染料，树干可做家具或舟车。

植株：10～30米 花期：冬、春季
果期：5～6月

初候，蝼蝈鸣

夏天的清晨，茂盛的草木吸吮了阳光雨露的营养，根须汁水足，这可把蝼蝈高兴坏了。它们快速跳到上面大吃特吃起来，得意忘形地发出鸣叫声。不过，这声音若引来青蛙，把小命儿丢了就惨了。

二候，蚯蚓出

一场大雨过后，泥土里渗入不少雨水，寄居在土里的蚯蚓感到空气稀薄，快没办法顺畅地呼吸了，于是爬出洞穴活动活动。可是四周危机重重，它们一不小心也会被青蛙吃掉的。

蚕豆

蚕豆在两千多年前就来我国安家了，是最古老的食用豆类之一。蚕豆因形状似老蚕而得名。蚕豆那椭圆形的叶子上面顶着白色的小花，待到花儿凋谢，结出豆荚，一颗颗胖豆子开始在里面快速生长，直到豆荚变成黑紫色就可以采摘啦！

植株：30～120厘米
花期：4～5月
果期：5～6月

小满

小满，二十四节气中的第八个节气，每年的公历5月20～22日之间交节，此时麦类等夏熟作物籽粒开始饱满。

“花季清明，雨季小满。”花儿、果子、庄稼都畅快淋漓地喝饱后，沐浴阳光，快速生长起来。没多久，人们心心念念的蒲公英开了，酸酸甜甜的樱桃红了，金黄金黄的麦粒饱满了。这正是小得盈满。它们载着农民伯伯的期许，相信今年一定是个丰收年。

初候，苦菜秀

常言道：“长夏苦中乐。”夏天最适合食苦。此时的苦菜涨势喜人，鲜嫩无比。摘来一把苦菜，清洗装盘，倒入生抽、香醋、蒜泥、盐、香油搅拌均匀后，咬上一口，先苦后甜，清热解暑。

西红柿

西红柿，学名番茄，它能长到0.6米至2米高，枝条上生有黏质腺毛，并带有浓烈的气味。西红柿果实近球状，果肉厚且多汁。西红柿的脐越小，里面的筋越少，口感越棒。

植株：0.6～2米 花期：5～8月 果期：6～8月

草莓

草莓开白色小花，茎和叶子比肩高。草莓喜欢晒太阳，阳光越强烈，草莓的植株就会越矮壮，果实越漂亮，味道越甜。草莓富含胡萝卜素、维生素A和膳食纤维，可缓解眼睛疲劳和助消化。

植株：10～40厘米 花期：4～5月 果期：6月

茭白

茭白是菰的嫩茎，水生蔬菜家族中的一员。充足的阳光，靠近水源的平整而深厚的土地最适合它安家。它的样子很像白白胖胖的笋，模样可爱，味道鲜美。

植株：1 ~ 2 米 花期：夏、秋季 果期：夏、秋季

丁香

虽然已经是夏天了，但日均温远不到气象学入夏的标准：连续五天日均温在 22℃以上。庭院里，微风中弥漫着淡淡的丁香花香气，看那细长如钉的花筒，很好地诠释了它的名字。丁香花色多，好成活，是观赏花家族曝光率最高的成员之一。

植株：10 米 花期：夏、秋季

毛豆

毛豆就是新鲜连荚的黄豆，豆荚嫩绿色，青翠可爱。打开毛茸茸的豆荚，就能看到穿着半透明衣服的憨憨的豆子。我国是毛豆的故乡，它的祖先可追溯到五千多年前。江西省上栗县湖塘村的毛豆产量最多、味道最棒。

植株：30 ~ 90 厘米 花期：6 ~ 7 月 果期：7 ~ 9 月

石榴花

石榴树上，一朵朵橙红色的石榴花绽放笑脸，装扮了园子。石榴花大多有6片花瓣，单瓣或重瓣，因雌雄同株，有的热情地全开了，有的没有完全开放。石榴花不仅可以美化环境，还是一种药材。

植株：3～6米 花期：5～6月
果期：9～10月

紫藤花

紫藤花的花芽比叶芽生长所需的温度低，所以先开花后长叶子。紫藤花的寿命很长，常常生长在园林里的藤架上，那一串串紫色花悬挂在藤架与绿叶之间，随风起舞，就像流动的紫瀑布，美丽而壮观。

植株：10米 花期：4～5月 果期：10～11月

石竹花

石竹花一点儿都不怕冷，它强劲有节，酷似竹子，因此得名。石竹花白天绽放，夜晚闭合，只需每天上午晒晒太阳，中午放到阴凉处，花就能多开些日子。

植株：30～40厘米 花期：5～8月 果期：9～10月

莙荙菜

莙荙菜的根系发达，茎短，无私地给又宽又肥的菱形叶片补充足够的营养。按照叶柄颜色，莙荙菜可分为青梗、白梗和红梗。我们吃的大多是青梗的，口感甜甜的，美味又有营养。

植株：30～100厘米 花期：5～6月 果期：7月

三候，王瓜生

立夏时节，躺在田间地头的王瓜成熟了。王瓜不择风土，叶片呈卵形或圆形，开黄花，花下面结出又大又胖的果实。王瓜的果实、种子和根都可以入药。

樱桃

樱桃园里，一颗颜色泽鲜艳的樱桃挂在褐色的树枝上。想要种出又大又红又甜的樱桃，先要选一块向阳的沙土地，还要给樱桃树足够的水分、肥料。樱桃的营养丰富，被誉为“天然维C之王”“生命之果”。

植株：2～6米 花期：3～4月 果期：5～6月

苦菜

苦菜的生命力极其旺盛，田间、路边、园子周围随处可见，在人们喜爱的野菜排行榜上名列前茅。它的叶子细长，根茎挺拔，向上生长。苦菜味道微苦，可以炒着吃、凉拌吃，还能入药，取名败酱草。

植株：30～100厘米 花期：4～6月

蒲公英

蒲公英的根呈圆锥状，表面棕褐色，开明黄色的花朵，果实似白色绒球。果实成熟后，就会离开妈妈的怀抱，随风飞舞，乘坐着白色降落伞到适合生存的地方安家落户。

植株：4～10厘米 花期：4～9月 果期：5～10月

二候，靡草死

有些枝条细软的野草禁不住烈日的暴晒，慢慢开始变黄、枯萎。它们的一生短暂而精彩，枯萎不代表结束，而是积蓄能量，等待重生。

枇杷

枇杷树一般能长到 3 ~ 6 米高，叶子大而长，厚而有茸毛，呈长椭圆形，状如琵琶。枇杷在秋冬开花，春夏成熟，承四时之雨露，被称为“果木中独备四时之气者”。枇杷浑身都是宝，花、核、叶、皮、根都可入药。

植株：3 ~ 6 米 花期：秋、冬季 果期：春、夏季

荔枝

我国是荔枝的故乡，早在两千多年前的汉代，人们就开始栽种荔枝了。荔枝身穿鳞斑状衣服，果肉是半透明的，脆甜可口。荔枝很娇气，需要放冰箱冷鲜存放，买来记得及时吃，但不要多吃，会上火的。

植株：10 米 花期：春季 果期：夏季

三候，麦秋至

虽然时间停留在夏季，但对于麦子来说已是成熟的“秋”，所以叫麦秋。此时的华北冬小麦正值关键的灌浆期，最怕高温干旱的天气，让麦粒不饱满。

小麦

小麦是粮食家族最重要的成员之一，世界各地都有它们的足迹。小麦浑身都是宝，麦粒可以制成面粉，皮可以做成饲料，麦秆可以编织成扇子等。麦子能长到 60 ~ 100 厘米左右，麦秆中空，披针形叶子略显纤细。按播种期划分，麦子分为冬小麦和春小麦，我国以种植冬小麦为主。

植株：60 ~ 100 厘米 花期：5 ~ 6 月
成熟期：夏、秋季

芒种

芒种，二十四节气中的第九个节气，每年的公历6月5～7日之间交节，此时进入忙夏收、忙夏种、忙夏长的“三夏”大忙季节。

“芒种芒种，有收有种。”田野间，带芒的麦子等待收割，有芒的稻子等待种植，农民伯伯正忙着一边收割幸福，一边耕种希望。

天气越来越热了，雨点噼里啪啦一阵过后，被太阳公公赶跑了。雨水开始蒸发，户外像个大蒸笼。

杏子

杏子家族庞大，品种多。杏树每年三四月开花，六七月果子成熟，一个个白色的、黄色的、黄红色的杏子挂满枝头，摘下来咬一口，果肉酸甜多汁，杏仁或苦或甜。

植株：5～10米 花期：3～4月 果期：6～7月

初候，螳螂生

螳螂要经过卵、若虫、成虫三个发育阶段。“仲夏螳螂生”，每年的六月初，熬过寒冬的卵鞘开始孵化，不久后一只只身长10～15毫米挥舞着“大刀”的螳螂从卵鞘里爬出来了。一个卵鞘最多能孵出300多只螳螂，太强大了！

二候，䴗始鸣

䴗，又名伯劳。要说伯劳鸟最厉害的地方，非它那大而硬的嘴巴莫属了。它异常凶猛，常站在高处观察周围动静，伺机捕捉食物，故有“雀中猛禽”之称。此刻站在土坡上的它，更像个芒种的“提调官”，监督菜园里的一切。

女贞

女贞不仅是很漂亮的观树木，还是一位称职的环保士。它对汞污染很敏感，如住的地方污染严重，它便会过枝叶、根茎、花蕾变黑或落来提醒人们，是时候治理境了。

植株：10～25米 花期：5～7

果期：7月至翌年5月

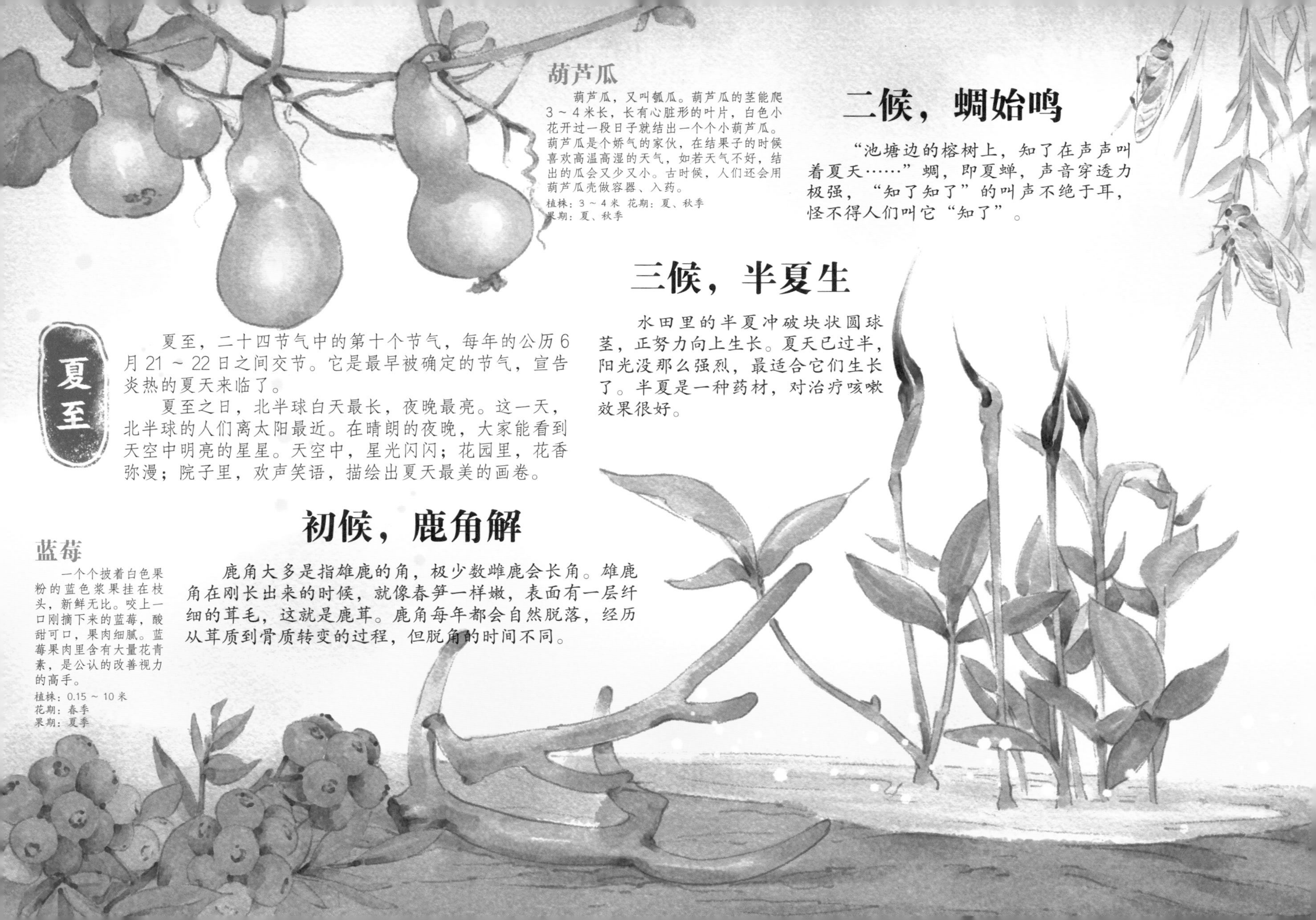

葫芦瓜

葫芦瓜，又叫瓠瓜。葫芦瓜的茎能爬3～4米长，长有心脏形的叶片，白色小花开过一段日子就结出一个个小葫芦瓜。葫芦瓜是个娇气的家伙，在结果子的时候喜欢高温高湿的天气，如若天气不好，结出的瓜会又少又小。古时候，人们还会用葫芦瓜壳做容器、入药。

植株：3～4米 花期：夏、秋季
果期：夏、秋季

夏至

夏至，二十四节气中的第十个节气，每年的公历6月21～22日之间交节。它是最早被确定的节气，宣告炎热的夏天来临了。

夏至之日，北半球白天最长，夜晚最亮。这一天，北半球的人们离太阳最近。在晴朗的夜晚，大家能看到天空中明亮的星星。天空中，星光闪闪；花园里，花香弥漫；院子里，欢声笑语，描绘出夏天最美的画卷。

初候，鹿角解

鹿角大多是指雄鹿的角，极少数雌鹿会长角。雄鹿角在刚长出来的时候，就像春笋一样嫩，表面有一层纤细的茸毛，这就是鹿茸。鹿角每年都会自然脱落，经历从茸质到骨质转变的过程，但脱角的时间不同。

二候，蜩始鸣

“池塘边的榕树上，知了在声声叫着夏天……”蜩，即夏蝉，声音穿透力极强，“知了知了”的叫声不绝于耳，怪不得人们叫它“知了”。

三候，半夏生

水田里的半夏冲破块状圆球茎，正努力向上生长。夏天已过半，阳光没那么强烈，最适合它们生长了。半夏是一种药材，对治疗咳嗽效果很好。

蓝莓

一个个披着白色果粉的蓝色浆果挂在枝头，新鲜无比。咬上一口刚摘下来的蓝莓，酸甜可口，果肉细腻。蓝莓果肉里含有大量花青素，是公认的改善视力的高手。

植株：0.15～10米
花期：春季
果期：夏季

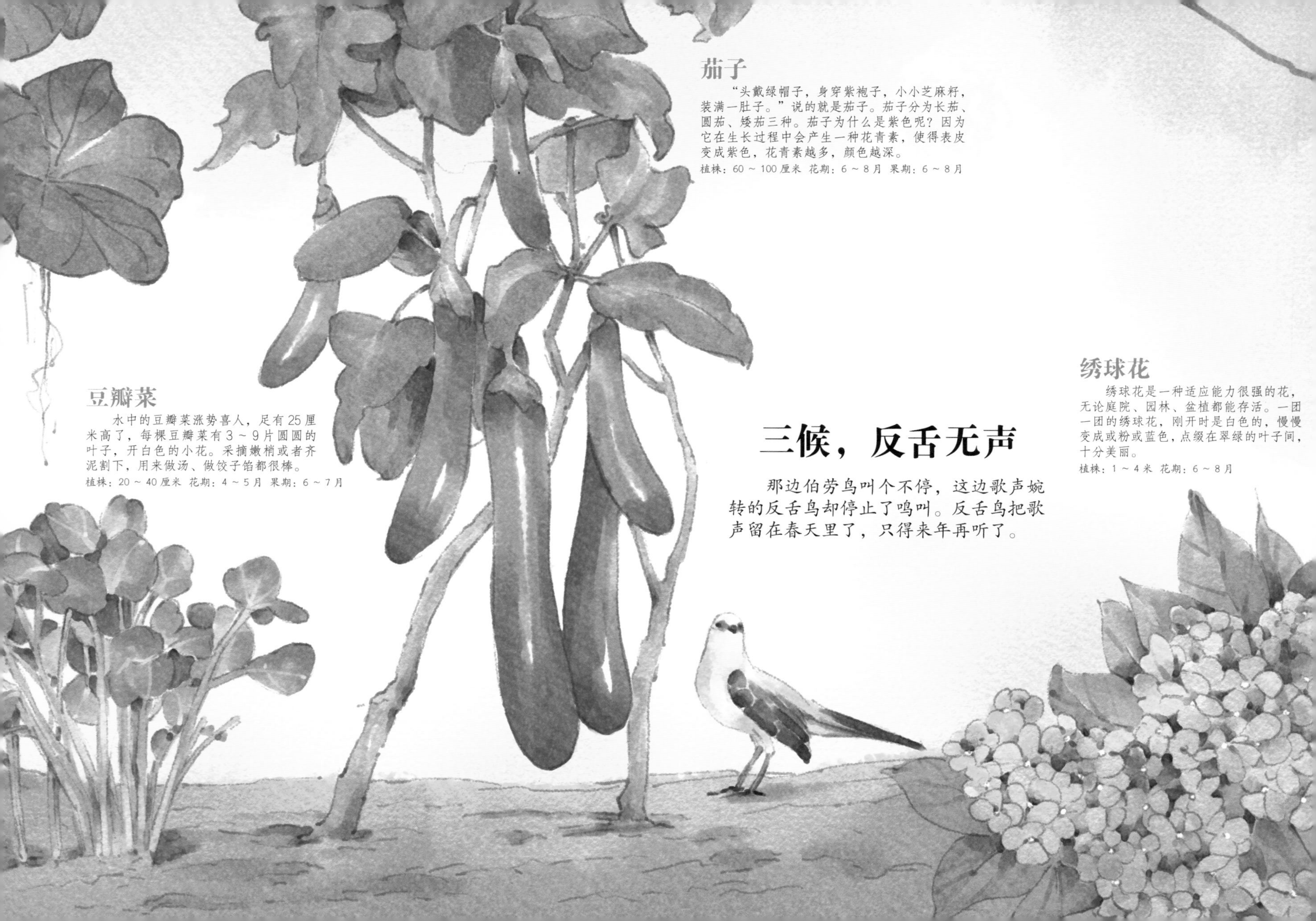

茄子

“头戴绿帽子，身穿紫袍子，小小芝麻籽，装满一肚子。”说的就是茄子。茄子分为长茄、圆茄、矮茄三种。茄子为什么是紫色呢？因为它在生长过程中会产生一种花青素，使得表皮变成紫色，花青素越多，颜色越深。

植株：60 ~ 100 厘米 花期：6 ~ 8 月 果期：6 ~ 8 月

豆瓣菜

水中的豆瓣菜涨势喜人，足有 25 厘米高了，每棵豆瓣菜有 3 ~ 9 片圆圆的叶子，开白色的小花。采摘嫩梢或者齐泥割下，用来做汤、做饺子馅都很棒。

植株：20 ~ 40 厘米 花期：4 ~ 5 月 果期：6 ~ 7 月

三候，反舌无声

那边伯劳鸟叫个不停，这边歌声婉转的反舌鸟却停止了鸣叫。反舌鸟把歌声留在春天里了，只得来年再听了。

绣球花

绣球花是一种适应能力很强的花，无论庭院、园林、盆植都能存活。一团一团的绣球花，刚开时是白色的，慢慢变成或粉或蓝色，点缀在翠绿的叶子间，十分美丽。

植株：1 ~ 4 米 花期：6 ~ 8 月

芹菜

刚到园子里就闻到了芹菜浓烈的香气，走近就能看到它那光滑略带棱角和直槽的茎，粗壮挺拔。它喜欢冷凉而湿润的气候，特别抗冻，在零度以下的低温天气也能存活。芹菜开黄色或黄绿色的小花，叶子边缘呈锯齿状，有降血压的本领。

植株：60 ~ 80 厘米　花期：夏、秋季　果期：夏、秋季

夏橙

夏橙是个变色高手。当年春天开花，次年夏季成熟。果子会随着气温的升高和降低，出现“三青三黄”的变化。待第二年第一批橙子成熟时，枝头又会绽放花朵，呈现“花果同树”；花谢了又会结果子，此时出现“果果同树”的奇特景观。

植株：5 ~ 6 米
花期：春季
果期：夏季

黄菖蒲

黄菖蒲的适应能力特别强，喜欢把家安在水中或湖边的湿地上。它的根茎粗壮，叶子呈披针形，开黄色的花。黄菖蒲的干燥根茎是一味良药，能缓解牙疼。

植株：60 ~ 100 厘米　花期：5 ~ 6 月

黄瓜

黄瓜是夏天餐桌上的蔬菜主角。它是攀援植物，其藤蔓需要顺着架子往上爬，开小黄花，结绿色的果。我们吃的黄瓜都是没有成熟的，如果等它真正成熟变成黄色，就太难吃了。

植株：3 米　花期：5 ~ 9 月　果期：6 ~ 9 月

紫甘蓝

紫甘蓝是结球甘蓝家族中的一员。它的叶片一层一层包裹得特别紧实，叶子表面有蜡粉，不怕长途跋涉，不易被虫子咬。仲夏时节，餐桌上的大拌菜里少不了它，因其色彩优雅，营养又美味。

植株：50 厘米 花期：夏季 果期：夏、秋季

红辣椒

菜园里的红辣椒丰收了，一个个圆锥状的辣椒充分吸收营养，由绿变红，等待采摘。红辣椒吃在嘴里火辣辣的，是因为它身体里含有辣椒素。别以为辣椒只能当调味品，它可是咳嗽细菌的克星。

植株：60 厘米 花期：6 ~ 9 月 果期：夏、秋季

昙花

人们常用“昙花一现”来表达美好的事物不长久。昙花只在晚上绽放两个小时左右，花期非常短暂。因为它开花时需要大量水分，而体内储存的水量有限，选择夜晚绽放可以避开太阳的蒸发，节约水分，让生命更长久。

植株：2 ~ 6 米 花期：夏季

凌霄花

庭院里的木架上爬满了凌霄花，它们用气生根牢牢抓住木架，享受着阳光雨露。橙红色的凌霄花像一个个小喇叭，挂满枝头。它的花语是慈爱，特别适合送给妈妈。

植株：10 米 花期：7 ~ 9 月 果期：10 ~ 11 月

山竹

山竹的学名叫莽吉柿，是热带水果家族中的一员。山竹的植株能活到 70 岁左右，想要吃到它的果子可不容易，要等它长到七八岁才行。白嫩多汁的果肉可直接吃或者做成果脯、罐头等。

植株：12 ~ 20 米 花期：夏、秋季 果期：夏、秋季

南瓜

要说菜园子里最胖的蔬菜，非南瓜莫属了。南瓜从明代就来中国了，它们对环境要求不高，我国南北各地都能种植。南瓜果实饱腹感很强，可以代替主食。南瓜全株都可入药。

植株：2 ~ 5 米 花期：6 ~ 9 月 果期：6 ~ 11 月

生姜

挖生姜要小心谨慎，又脆又嫩的生姜很容易被斩断。生姜是烹饪的百搭调味品，不论蔬菜、肉类都能完美匹配，这都要归功于其体内又香又辣的“姜油酮”。

植株：30 ~ 50 厘米 成熟期：秋季

圆白菜

圆白菜，大名甘蓝。它长着很多淡绿色且厚实的叶子，表面有一层蜡粉，在底部层层抱团生长，包裹成球形。圆白菜很皮实，高温和寒冷都阻挡不了它们茁壮成长。多吃圆白菜对胃口好，人称“养胃菜”。

植株：20 ~ 40 厘米 花期：春季 果期：夏季

小暑

小暑，二十四节气中的第十一个节气，每年的公历7月6～8日之间交节，气温节节攀升，滚滚热浪来袭。

清晨，叽叽喳喳的小鸟吵醒了睡梦中的孩子，他们趁着假期，背上画板，到荷花池写生去喽！

“小暑大暑，上蒸下煮。”调皮的夏天派小暑来告诉人们，最热的天气要来了，提醒大家做好防暑准备，出门穿上防晒衣，带上遮阳伞，及时补充水哦。

初候，温风至

夏日里，打开窗子，一阵热风“呼——”地冲进屋子，感受不到一丝凉意。这种天气除了出去晒被子、晒衣服，只想在屋里吹着空调，吃着西瓜。

二候，蟋蟀居壁

蟋蟀喜欢把家安在石头下、土穴中、草丛间。蟋蟀性格孤僻，不喜欢集体生活。每年这个时候，它们为了躲避炎热，会把家搬到房檐下。

萱草

萱草将木槿花和百合花的特征融为一体，它也是朝开暮落花，模样似百合，但没什么香味，也是中国的母亲花。

植株：30～60厘米
花期：夏季
果期：夏季

荷花

池塘里，圆圆的荷叶像一把大伞，被长长的叶柄托起。粉色的荷花从水中伸出盛开。结出的莲蓬低头不语，每一个莲蓬孔里都住着一个白白胖胖的莲子。

植株：1～2米　花期：夏季
果期：秋季

大暑，二十四节气中的第十二个节气，每年的公历7月22～24日之间交节，难挨的桑拿天如期而至。

"冷在三九，热在三伏。"此时正值中伏前后，是一年中最热的时候。大雨和阳光交替值班，天气湿热交蒸，人们忙着乘凉，作物忙着生长。

初候，腐草为萤

萤火虫有的把家安在水中，有的安在陆地上。生活在陆地的萤火虫多半将卵产在枯草上，待大暑时节，一只只小萤火虫在枯草中出生了，于是就有萤火虫是腐草变成的说法。

二候，土润溽暑

大暑时节，雨热同季，天气闷热，土地潮湿，让人仿佛置身于水深火热中，人们把这种天气形象地称为"桑拿天"。

蜀葵

园子里盛开的最大的花非粉色的蜀葵花莫属。它是山西省朔州市市花，当地人叫它"大花"。蜀葵花有单瓣和重瓣的，颜色多种多样，有紫的、红的、白的等。

植株：2～2.5米
花期：5～8月
果期：9月

火龙果

果园里最霸道的家伙是火龙果，它是攀援植物，根茎粗壮，最高的大概有7米，粗10厘米，三条棱，像极了仙人掌。火龙果的果肉有白色和红色的，里面有好多芝麻状的种子，又叫芝麻果。

植株：7米 花期：7～12月 果期：7～12月

凤仙花

凤仙花这个名字听起来有点陌生，如果说指甲花，你肯定秒懂。女孩子喜欢用红的、粉的、紫的指甲花染指甲，将捣碎的指甲花敷在指甲上，染成红色，健康又漂亮。

植株：60厘米 花期：6～9月
果期：8～9月

杨梅
枝繁叶茂的杨梅树上，一个个小红灯笼似的果实挂满枝头。杨梅的果肉就是它的外果皮，由于没有像其他水果一样有外果皮保护，很容易被果蝇等小虫子盯上，成了它们的大餐。
植株：15 米 花期：4 月 果期：6 ~ 7 月
百合花
一大朵一大朵漏斗形的百合花竞相开放，百合花有六片花瓣，其中三片在里面，外面围着三片。它的鳞茎像莲花，由白色鳞片一层层环抱而成，寓意“百年好合”。百合花的鳞茎可食用，可入药。
植株：50 ~ 100 厘米 花期：7 月
木槿花
木槿花，又叫朝开暮落花，在园子里正开得热闹。阳光下，淡红色的木槿花温柔地绽放着，到了夜晚，就会闭合休息。
植株：3 米 花期：夏季 果期：秋季
玉米
玉米在粮食家族排名第三。玉米的种类很多，浑身都是宝，可榨油、做成淀粉等。玉米须又叫“龙须”，可治病。人们常说：“一根玉米须，堪称二两金。”可见它的价值有多高了。
植株：1.5 ~ 2.5 米
花期：7 ~ 8 月
果期：8 ~ 9 月
马铃薯
马铃薯，俗称土豆，在粮食作物家族排名第四。马铃薯的模样很像马铃铛，因此得名。它的块茎含有大量淀粉，可做主食，比如土豆泥、土豆饼，这些食品深受小朋友喜爱。
植株：60 ~ 100 厘米 花期：5 ~ 6 月 果期：7 ~ 9 月

三候，鹰始挚

被炙烤的滚烫的大地冒着热气，老鹰决定带孩子们到更凉快的高空练习捕食。如果这时候不能掌握这项技能，孩子们将来怎么生存下来啊！

冬瓜

园子里的冬瓜成熟了，一个个椭圆形的大冬瓜躺在地上，皮上有细密的硬毛和白霜。随手扒开长有茸毛的茎，摘下一个冬瓜，做冬瓜排骨汤最棒了！冬瓜很喜欢炎热的天气，一定要给它们及时排水，不然这些家伙很容易烂掉，那就太可惜了。

花期：夏、秋季 果期：夏、秋季

绿豆

豆荚里躺着的绿豆宝宝即将离开妈妈的怀抱。它们穿着浅绿色衣服，肚皮中间有一道深褐色的种脐，剥开外衣，是两片嫩黄色的子叶。将绿豆泡发成豆芽是一件趣事，用图文记录下来，一篇《观察日记》就完成啦。

植株：20 ~ 60 厘米 花期：初夏 果期：6 ~ 8 月

桃子

桃子是中国土生土长的水果。桃花在春天盛开，花朵凋谢后长出叶子，慢慢地果子挂满枝头。桃子家族庞大，有蟠桃、油桃、毛桃等。桃子味美多汁，有“寿桃”“仙桃”等美称。

植株：3 ~ 8 米 花期：3 ~ 5 月

果期：7 ~ 9 月

西葫芦

三角状的大叶子下面，藏着几个顶着小黄花的西葫芦。它们一个个椭圆形的身子，穿着不规则绿色条纹衣服，躲在阴凉处努力地生长着。西葫芦体内没有脂肪，含钙量高，适合正在发育骨骼的小朋友食用。

花期：夏、秋季 果期：夏、秋季

三候，大雨时行

这种潮湿的天气使水汽聚集得更快，一场滂沱大雨说下就下，庆幸的是它赶跑了暑热，带来了短暂的凉爽。几场大雨过后，天气开始向凉爽过渡。

葡萄

葡萄架上挂着一串串颜色不一的葡萄，它们个头大，多汁，生吃或做成葡萄干、葡萄酒都很美味。在我国，属新疆吐鲁番的葡萄最有名，那里阳光热烈，昼夜温差大，又是沙壤土，最适合葡萄生长。

植株：10 米 花期：5～6 月
果期：8～11 月

李子

在山坡上、山谷中、路旁都能看到李子树，它们适应能力强，土层够深就能生长，唯独害怕积水。李子家族庞大，按软硬来分，可分成水蜜类和脆李两大类。李子可被制成果干，我们常吃的乌梅就是李子干。

植株：10 米 花期：4 月 果期：6～9 月

青苹果

青苹果是苹果家族中的一员，因颜色而得名。青苹果的本领可大了：它有助于减肥、美白皮肤、促进牙齿生长等。青苹果树能长到10多米高，幼嫩的叶子有茸毛，长成后就消失不见了。待花凋谢后，枝头挂满了扁球形的果子，十分诱人。

植株：15 米 花期：5 月 果期：7～10 月

红柿子椒

青椒的一种。它含有大量维生素、胡萝卜素等营养成分。红柿子椒足够入选蔬菜最佳配角，搭配主食材，美化菜肴的同时，还能丰富营养。

植株：60 厘米 花期：4～8 月
果期：7～11 月

西瓜

西瓜是夏天消暑的必备水果。西瓜籽可当零食，西瓜皮可入药。挑西瓜有三个窍门：一看颜色，瓜蒂、瓜脐是绿色的，靠地面的瓜皮为黄色；二听声音，用手敲，声音低沉且不清亮为好；三是掂重量，同样大小的西瓜，熟瓜比生瓜轻。

花期：6～7 月 果期：7～8 月

黑木耳

杨树上的黑木耳成熟了，口感Q弹，味道鲜美，营养丰富，被誉为“素中之肉”。中国是黑木耳的故乡，《礼记》中有食用黑木耳的记载。长在不同树上的黑木耳，名字和功效也大不相同。

成熟期：夏、秋季

龙眼

龙眼已经搬来中国两千多年了。龙眼生活在温暖湿润的地方，属福建省莆田种植的龙眼最多，味道也最好。龙眼晒成干，就成了桂圆。

植株：10余米　花期：春、夏季　果期：夏季

丝瓜

这几天，菜园中的丝瓜成熟了，圆柱形的身子，穿着深绿色纵条纹外衣。熟透的丝瓜经过干燥处理，肉嘟嘟的果肉变成网状纤维，可以代替海绵清洗碗筷。

花期：夏、秋季　果期：夏、秋季

栀子花

窗外一朵一朵白白的栀子花散发着阵阵清香。它在每年五六月开放，花期能持续一两个月。人们喜欢用栀子花插花，却不知道它的果实能做绘画的涂料呢。

植株：1.2米　花期：5～8月
果期：9～10月

绿豆芽

绿豆芽来我国已有近千年历史了。一根根嫩白的绿豆芽从豆壳里探出头，迅速生长，在这过程中，维生素C也会大量增加。豆芽看似平凡，却有解暑、解毒等本领。

胚茎：5～6厘米　成熟期：四季

香瓜

香瓜，又叫甜瓜。它是世界十大水果之一，也是夏季水果的主角。它的家族成员数不胜数，模样各不相同。香瓜喜欢住在气温高、温差大、阳光充足的地方，这种地方的香瓜味道更甜。

花期：夏季　果期：夏季

立秋

立秋，二十四节气中的第十三个节气，每年的公历8月7～9日之间交节。立秋节气，暑热与凉寒交替，秋天拉开了序幕。

立秋过后，天气有了一丝凉意，偶尔有“秋老虎”来捣乱，但真正的凉爽还没到来。田野间，一片丰收的景象。农民伯伯种下了春华，收获了秋实。

初候，凉风至

秋风给酷暑下了终结令，早晚天气开始转凉了。人们终于不用每天吹着空调，摇着蒲扇，吃着冷饮了。

紫薇花

园子里的紫薇花从6月开到了现在，能持续到9月份，人们叫它“百日红”。紫薇花喜欢住在温暖的南方地区。它不仅花期长，寿命也长，树龄能达200岁呢。

植株：7米 花期：6～9月 果期：9～12月

大枣

大枣的故乡是中国，已经有八千多年的栽种历史了。大枣家族庞大，有300多个种类，包括红枣、金丝枣、脆枣等。生吃大枣，晒成枣干吃，制成枣泥吃，任你选择，它不仅美味，而且有补血、美容等功效。

植株：5～8米 花期：6月 果期：秋季

夹竹桃

大朵大朵的夹竹桃花开了，今年比往年的花开得好是因为水量控制得好。夹竹桃是有名的“环保卫士”，能净化空气，不过它的体内含毒，切记千万不要随意采摘或误食哦。

植株：5米 花期：四季 果期：冬、春季

初候，鹰乃祭鸟

收获的季节，田里会有好多田鼠、鸟儿、野兔外出觅食。这些小家伙机警地观察周围的动静，却难逃天空的王者——老鹰那双千里眼，不幸成了它的猎物。

处暑

处暑，二十四节气中的第十四个节气，每年的公历8月22～24日之间交节，此时炎热离开。

处暑是收获和凋零并存的时节。田野里一片五谷丰登的景象，公园里的植物却开始变得萧条，各有各的美。

在这秋高气爽的天气，去乡间领略秋天独有的美，再适合不过了。

菠萝蜜

高大的菠萝蜜树初春开花，过阵子树上结出了球形的果实，生长速度很快。当果实的外衣由浅黄色变成黄褐色时，就能采摘了。菠萝蜜的体重在热带水果里是数一数二的，表面还自带坚硬的六角形瘤状凸体和粗毛，采摘时一定要小心。它的果肉甜蜜浓香，直接吃或制成果干、罐头都行，还能入药。

植株：10～20米 花期：2～3月
果期：7～8月

刺梨

在我国北方，尤其长白山地区，能发现刺梨的身影。年幼时，刺梨的小枝上长有短茸毛，长大后就会消失不见；浅红色的小花香气扑鼻，能持续开一个月；果实像个可爱的小刺球，味道酸甜可口。

植株：1～2米 花期：5～6月 果期：7～8月

茉莉花

“花开满园，香也香不过它。”说的是茉莉花。白白的茉莉花三五朵地聚在枝头，清香淡雅。茉莉花可用于制作沐浴露、香皂、香水，还可熏制成茉莉花茶，备受人们喜爱。

植株：3米 花期：5～8月 果期：7～9月

哈密瓜

哈密瓜，甜瓜的一种。哈密瓜果皮有纵沟纹，橙黄色的果肉特别香甜。我国新疆的哈密瓜最好吃，因为那里光照足、土壤含沙量大、昼夜温差大，适合哈密瓜生长。

花期：夏、秋季 果期：夏、秋季

白木耳

白木耳，又叫银耳。在夏秋两季的阔叶林里，常能看到一朵朵半透明的“花”开在腐木上。白木耳的瓣片呈白色或米黄色，能长到5～10厘米。采摘白木耳最好在阴雨天，你可以用竹刀将它们刮下来放入篮子里。白木耳扎堆把家安在福建古田县，那里的白木耳很有名。

直径：5～10厘米 成熟期：夏、秋季

梨

成熟的梨飘着果香，十分诱人。梨的果肉脆甜可口，饱满多汁。梨和冰糖联手，做成一碗梨汤，能击败咳嗽病菌。梨表面的小黑点能帮助它呼吸顺畅，储存水分。

植株：2.5～15米 花期：2～5月 果期：秋季

三候，寒蝉鸣

在秋天里找到美味的食物，对寒蝉来说是一件很容易的事情。瞧，饱餐一顿的寒蝉正在树梢旁欢快地鸣叫着。

海棠果

又到一年金秋时，海棠果成熟了。它酷似迷你小苹果，酸甜可口。每到这个时节，总能看到果农将海棠果切片、晒干，这样能储存两三年，用它来泡水喝或做成蜜饯，有开胃的功效。

植株：5～10米 花期：3～6月 果期：秋季

枸杞

枸杞多分布在我国宁夏地区，那里气候凉爽，不易发生涝灾，很适合枸杞生长。枸杞特别抗冻，就算在零下25℃的寒冬，也能安然无恙。每年5至10月，枸杞树边开花边结果，迎来收获的季节。

植株：0.5～1米 花期：夏、秋季 果期：夏、秋季

黑加仑

黑加仑喜欢住在寒冷的地方，我国的黑龙江、内蒙古及新疆最常见。每到七八月，一串串黑色小浆果挂满枝头。采摘下来的新鲜黑加仑很难保存，所以经常被制作成果汁或果酱运往远方。

植株：1～2米 花期：5～6月 果期：7～8月

二候，白露降

过了立秋，早晚温差大，白天烈日炎炎，夜晚凉风习习，空气中的水蒸气在田间的植物上凝结成了晶莹剔透的露珠。

鸡冠花

鸡冠花笔直地站在花园里，火红的花朵一扫人们秋日的伤感。鸡冠花根茎粗壮，分枝少，性格坚强，适应能力强，很好养活。它还可以入药。

植株：30～80厘米 花期：7～9月

二候，天地始肃

炎热的夏季让人感觉不到白天与黑夜的温差，处暑一到，天气在转凉的同时，清晨与夜晚的温差开始变得清晰，一些怕冷的植物慢慢开始凋零了。

红薯

红薯，学名番薯。红薯最早在美洲生活，人们将它带来中国之初还担心种不好，谁知它的生命力极其旺盛，块茎长得又红又大，故有“一亩数十石，胜种谷二十倍”的说法。人们将块茎加工食用，将茎叶用来做家畜的饲料。

植株：3 米 花期：夏、秋季 果期：夏、秋季

芙蓉

芙蓉花怕冷，常把家安在我国南方地区，于每年的 8 月到 10 月绽放。清晨，芙蓉花是白色或浅红色的，随着光照越来越强烈，到了中午颜色会深一些，下午就变成了深红色，故得名“三醉芙蓉”。

植株：2 ~ 5 米 花期：8 ~ 10 月

快菜

快菜是小一号的大白菜。园子里的快菜生长速度很快，只要 60 天就能采摘了，真是菜如其名呀。别看成熟期短，它的味道一点儿也不比白菜差。

植株：35 厘米 成熟期：秋季

秋葵

秋葵喜欢温暖的地方，一般生长在我国南方地区。酷似小尖塔的秋葵长到 8 ~ 10 厘米就可以采摘了。采摘秋葵可是一件苦差事，一定要带上手套，因为一不小心就会被它身上的毛刺伤，奇痒无比。

植株：1 ~ 2 米 花期：5 ~ 9 月 果期：夏、秋季

四季豆

四季豆那破土而出没多久的幼
有地下根系长得快，由于根系发达
速度极快。等到花儿凋谢，豆荚长到
米左右就能采摘了。胖嘟嘟的绿豆
人们称为“福豆”。

花期：夏、秋季 果期：夏、秋季

苹果

园子里的苹果树是个慢性子，比一般果树开花晚，一般四五月份才开花，不过正好免遭霜冻。苹果树常常两三年才结出果实，经历发芽、抽枝、开花、结果，消耗了其体内大部分能量，需要休眠期来补充体力。苹果酸甜可口，营养丰富。不同品种成熟期也不同，一年里很长时间都能吃到新鲜的果子。

植株：10 米 花期：4 ~ 5 月 果期：秋季

杨桃

杨桃成熟了，颜色由深绿色变成了黄绿色，若不及时采摘，它们就会迫不及待地往地上掉。杨桃的模样很有个性，果肉多汁，是一种热带水果。

植株：12 米 花期：4 ~ 12 月 果期：7 ~ 12 月

三候，禾乃登

“禾乃登”的“禾”指的是黍、稷、稻、粱类农作物的总称，“登”即成熟的意思。农田里的稻子弯了腰，它们用植物的语言表达四季的更替。

水稻

中国是水稻的故乡，它们大多住在长江流域、珠江流域和东北地区。水稻生长速度惊人，一般短到三四个月，最长不过一年。一株稻穗一般能开两三百朵稻花，一朵花一粒稻谷。稻谷除了可做米饭，还能酿酒等。我国的袁隆平院士研究的“杂交水稻”，产量特别高，为世界做出巨大贡献。

植株：1 米 花期：7 ~ 8 月 果期：8 ~ 10 月

蜜梨

在我国，蜜梨指的是金溪蜜梨。早在宋代，就有金溪蜜梨的种植记载了，不过那时候产量少，人们叫它“贡梨”。它们把家安在金溪，是因为这里四季分明，有沙壤土，能享受阳光雨露的滋润。看那一个个金黄的果子，咬上一口，香、甜、脆。

果期：秋季

秋梨

秋梨又叫酸梨，酸中带甜。果实若用心保存，离开枝头几个月都不会腐烂，甜度反而升高，更好吃了。秋梨树大多栽种在河北燕山，它是长寿树，树龄能达100年。

花期：春季 果期：秋季

白露

白露，二十四节气中的第十五个节气，每年的公历9月7～9日之间交节，是一年中温差最大的时节。

“白露秋风夜，一夜凉一夜。”这时的冷空气转守为攻，冬季风席卷而来。夜晚，花草上躺着一颗颗晶莹剔透的露珠，第二天太阳升起，不时会有几个调皮鬼溜下来。若要外出看美景，记得多加一件衣。

月季花

月季四季都开花，因此又叫“月月红”。月季花红的似火，白的如雪，花瓣层层叠叠，被誉为“花中皇后”。它从中国出发，到世界各地安家落户，家族不断壮大，品种已达上万种。

植株：1～2米 花期：四季

初候，鸿雁来

每年九月，来自西伯利亚和我国东北地区的鸿雁，开始向南迁徙。白天，成群的鸿雁排成整齐的队伍向南飞；夜晚，鸿雁们会停在水草旁或庄稼地里填饱肚子，大睡一觉，第二天继续赶路。

玉簪花

冰清玉洁的玉簪花因颜色如玉，模样似簪而得名。玉簪花喜欢住在阴凉潮湿的地方，如果阳光太强烈，叶子就会变黄。玉簪花抗寒能力很强，只要冬季气温高于5℃，裸露的休眠芽就能安全越冬。

植株：40～60厘米 花期：7～8月 果期：9月

柚子

柚子个儿大、皮厚。成熟的柚子一般为淡黄色，果实紧实，种子有200多粒，酸甜可口。柚子穿着一层厚厚的海绵外衣，不是为了保暖，而是能让它更好地吸收营养。

花期：4~5月 果期：9~12月

山楂

山楂树每年夏季开花，九月或十月结果。在山坡上，很容易找到山楂树。山楂树特别皮实，对温度、土壤都没有太高要求，易成活。说到山楂，就会想到诱人的冰糖葫芦，将洗净的山楂去核，用竹签串起来，经过熬糖、蘸糖、冷却，就大功告成了。

植株：3～6米 花期：5月 果期：9～10月

秋分

秋分，二十四节气中的第十六个节气，每年的公历9月22～24日之间交节。这一天夜晚，北斗七星指向正西方向。

人们常说：“一场秋雨一场寒。”到了秋分时节，雨水变得很吝啬，很少落下来，大多是秋高气爽的好天气。人们有的结伴去赏桂花、菊花，吃螃蟹；有的去田地里挖秋菜，既补充营养又锻炼身体；有的去粘雀子嘴，以防它们到成熟的麦田里搞破坏。

初候，雷始收声

秋分过后，雷雨季节渐渐离我们远去了，气温跟着明显大跳水，天空一片晴朗。

牵牛花

清晨四五点钟，牵牛花就开放了。它是一种朝开夕落的花，因为中午阳光强烈，牵牛花中的水分不够长时间维持花朵开放，便开始慢慢凋谢。

植株：5米 花期：夏、秋季

白萝卜

其貌不扬的白萝卜富含丰富营养，民间有“萝卜赛人参”的说法。萝卜是一种很和气的蔬菜，可食用也可入药，尤其对保护我们的肺部和胃部有很好的疗效。

植株：10～25厘米 果期：夏、秋、冬季

二候，蛰虫坯户

坯是指细土。活跃了整个夏天的虫子们感受到寒气来袭，开始搬运泥土来加固洞穴，准备过冬的食物。

三候，群鸟养羞

这时候，很多鸟都开始储备过冬的食物，其中一些鸟开始换上丰满的冬羽，抵抗寒冬。

石榴

中国的汉代就有栽种石榴的记录了。石榴树每年抽3次枝，开3次花，结3次果。由于气温低，一般在农历5月第二次开的花，结出的果实又大又好。

植株：3～6米 花期：5～6月 果期：8～10月

柿子

秋天一到，柿子树上挂满了一个个橘红色的小灯笼，又到一年柿子成熟季。柿子树生命力很强，山区平原都能见到它们。柿子树的树龄很长，一般嫁接三四年后结果，十来年进入盛果期。柿子主要用来制成柿饼，味道甘甜，营养美味。

植株：4～14米 花期：5～6月 果期：秋季

菱角

菱角多生在池塘、湖泊、沼泽地带，是菱的果实，有野生和人工种植两种。菱角形状像牛角，喜欢待在25℃以上的湿泥里。菱角可生吃，也可加工成菱粉或熟食。

花期：6～8月

果期：8～9月

二候，玄鸟归

屋檐下的小燕子离开巢穴，开始南迁了。与鸿雁不同，燕子们昼夜兼程赶路，它们一边飞翔，一边捉虫子吃。

猕猴桃

猕猴桃的故乡在中国，陕西眉县因种植广被誉为“猕猴桃之乡”。猕猴桃树枝需要借助木架或更高的树木才能向上攀爬，沐浴阳光，结出表面带毛的黄褐色果实，酸酸甜甜的，营养丰富。

植株：2.5 ~ 4 米 花期：5 ~ 6 月 果期：8 ~ 10 月

芋头

芋头中含大量淀粉，可作蔬菜、主食。芋头中的淀粉颗粒细腻，易消化和吸收，特别适合小孩子吃。在剥皮或者切芋头时，很多人的手接触芋头的部分会出现瘙痒，那是芋头中的草酸钙结晶在作怪。它最怕高温，用火烤一烤手就没事了。

植株：1 米 花期：秋季 果期：8 ~ 9 月

凉薯

凉薯学名叫豆薯，喜欢在温暖的地方晒日光浴，把家安在长江地区的沙壤土里。浓绿色的叶子间盛开着紫蓝色或白色的蝶形花，块茎洁白脆嫩，味道鲜美。憨厚的凉薯营养丰富，但种子却有剧毒，千万不要误食。

植株：1.5 ~ 2 米 花期：夏季 果期：秋季

口蘑

口蘑来自内蒙古地区，因中转到张家口售卖或加工，故得此名。口蘑的菌盖又厚又大，像半个小球，基部肥硕，将菌盖稳稳地顶起。它是一种自然食用菌，越靠近有羊骨或羊粪的地方，长出的菌味道越鲜美。

成熟期：秋季

柑橘

柑橘四季常绿，它的叶子能够储存养分，叶子越多，果子越多。气温对柑橘口感的影响最大，12℃到 37℃最适合柑橘生长。

植株：3 米 花期：3 ~ 5 月 果期：秋、冬季

柠檬

走近柠檬树，就闻到一股清爽的香味。柠檬的身子是椭圆形的，穿着金黄色的外衣，看上去水灵灵的，十分可爱。它的身体里藏着柠檬酸，味道酸溜溜的；果皮里有很多芳香挥发成分，是用来做空气清新剂的最佳选择。

植株：3 ~ 4 米 花期：4 ~ 5 月 果期：9 ~ 11 月

番木瓜

番木瓜喜欢温暖的天气，可在南方地区越冬。花期一到，满树白色的花朵开放，赏心悦目。番木瓜的果实能长到 10 多厘米长的样子，果皮呈黄色，果肉味道芳香，富含大量维生素 C。

植株：10 米

西芹

西芹不远千里把家从欧洲搬到中国，它们因为衣服的颜色不同，被分为三种：黄色种、绿色种和杂色种。西芹不怕冷，一年四季都能栽种，特别喜欢凉爽湿润的地方。它的植株紧凑，结实得很，怪不得单株就有 1 公斤重，西芹看上去有些笨重，肉质却脆嫩无比。

植株：20 ~ 80 厘米 成熟期：夏、秋季

三候，水始涸

雨水少了，河水流量小了，草木开始枯萎，土壤慢慢干涸，田地里迎来收获的季节。冬天的脚步越来越近了，此时有些美景不容错过，比如看胡杨林。

胡杨树

胡杨树多居住在荒漠区，拥有极强的抗旱本领。它们从小到大变化最大的要数叶子了，幼时细如柳，长大后变成圆圆的模样，这是为了适应干旱的环境。新疆塔里木盆地栽种了大片胡杨树，每到金秋十月，胡杨林一片金黄，层林尽染。

植株：10 ~ 15 米 花期：5 月 果期：秋季

莲藕

莲藕是荷花的地下茎，生长在池塘的泥土里。莲藕白白胖胖的，表面光滑，身体里暗藏多条通道，用来保持自身呼吸顺畅，不然一直住在泥土里肯定会被憋坏了的。莲藕凉拌或炒着吃都行，脆脆甜甜的，还能排毒。

成熟期：4 ~ 5 月，9 ~ 10 月

桂花

桂花以淡黄色居多，每到秋风送爽时节，桂花香飘十里，沁人心脾。桂花的品种很多，有丹桂、月桂、金桂等。桂花可制成桂花茶、桂花糕、桂花汤圆等。

植株：3 ~ 18 米 花期：9 ~ 10 月

果期：翌年 3 月

香蕉

香蕉是热带水果中的一员，味道甘甜，在水果王国营养排行榜上名列前茅。刚长出来的香蕉向上弯曲，成熟后慢慢伸展，果皮颜色由青色变成黄色，皮上有四五道棱。

植株：3～10米 花期：7～8月 果期：四季

初候，鸿雁来宾

鸿雁南迁要经历一个漫长的过程，迁徙的时间也有先后之分。到了寒露时节，天空中能看到的多是最后一群南迁的鸿雁。

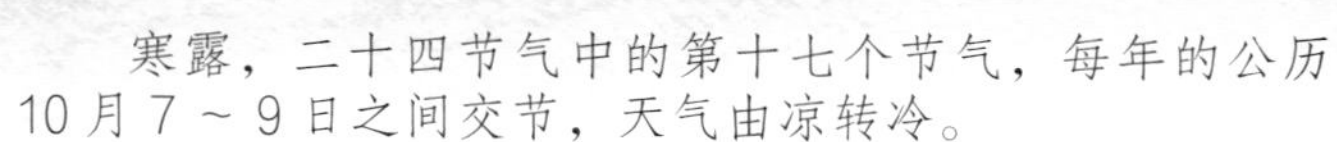

寒露

寒露，二十四节气中的第十七个节气，每年的公历10月7～9日之间交节，天气由凉转冷。

当盛夏的“大火星”遇到寒露节气，不得不向西下沉，星空也换季了，冷空气即将登场。

这时候北京香山的枫叶开始红了，很多人都会结伴赏红叶。你知道吗？枫叶在深秋变红，是因为叶子里的花青素遇冷增多的原因。此时在东北的北部，人们已经能看到飞舞的雪花了。

霜降

霜降，二十四节气中的第十八个节气，每年的公历10月22～24日之间交节。秋冬交替，气温骤降。

“呼呼——”一阵北风过后，枯黄的树叶纷纷投入大地妈妈的怀抱。田野间的杂草上披上了一层亮晶晶的白霜，大地一片萧条，季节更替，告别秋天的时刻到了。

银杏

银杏树是一种珍稀树种，被誉为“活化石”。一片片像扇子的绿叶到了深秋就会变成金黄色，这时候白果挂满枝头。“一夜寒霜降，满城银杏黄。”说的是丹东，丹东被称为“银杏之城”。

植株：15～60米 花期：3～4月 果期：9～10月

栗子

栗子在我国至少有两千五百年的历史了，是最早的坚果品种之一，被誉为“干果之王”。栗子住在被绿色锐刺外衣包裹的壳斗里，待成熟时，便会脱掉衣服，跳出来了。香甜可口的栗子中含有大量的淀粉，可做主食。

植株：10～15米 花期：5～6月 果期：9～10月

初候，豺乃祭兽

天气越来越冷了，动物们大都提前准备好越冬的食物，豺狼也不例外。它们把抓来的肥壮的猎物依次摆放，像是要祭拜一番后再食用。

甜橙

果园里的甜橙熟了，一个个似橙色的小球。甜橙的采摘时机很重要，过早香气不浓，过晚易成浮皮果。甜橙在每年的3到5月开花，深秋至次年二三月都有果子成熟。

花期：3～5月 果期：冬、春季

三候，菊有黄华

菊花常在晚秋时节开放，它具有很强的御寒能力。菊花枝条柔软，一株菊花通过摘心可生出好多花蕾，被打造成各种造型。每年这时候，一些地方会举办菊展等活动。民间流行重阳节赏菊。菊花有长寿、吉祥之意。

茱萸

道路两旁的茱萸枝叶繁茂，高大挺拔。每年三四月份，枝头开放小黄花，花谢了之后，待九月或十月结出红色的椭圆形果子，味道酸酸的，可做药材。

植株：4～10米 花期：3～4月 果期：9～10月

罗汉果

我国的罗汉果多来自广西的永福县和龙胜县。果子生长初期有黄色的茸毛，长大后仅在果梗处留下一圈痕迹。罗汉果品种多，有青皮果、拉江果、长滩果、红毛果等，广西种植的多为拉江果。

植株：3～4 米 花期：4～5 月 果期：9～11 月

番石榴

别看穿着绿衣裳的番石榴表皮坑坑洼洼的，里面的果肉口感滑嫩多汁，还可制成番石榴口味的果酱、冰激凌和酸奶等。番石榴适应能力极强，即使被栽种到荒地也能健康长大。

植株：13 米 花期：8～9 月 果期：9～10 月

二候，雀入大水为蛤

深秋的天气越来越冷了，雀鸟们纷纷躲起来御寒。很久以前，古人恰巧在这时候看到海边突然出现很多蛤蜊，它们的条纹及颜色与雀鸟很相似，就以为这是雀鸟变成的。

橄榄

橄榄是有名的亚热带果树，住在我国南方地区。每年10月左右，枝头上一个个卵圆形的黄绿色的橄榄成熟了，等待采摘。橄榄可用于制肥皂、沐浴液等。橄榄的核坚硬无比，可雕刻，可穿成手串。

植株：10 ~ 35 米 花期：4 ~ 5 月
果期：10 ~ 12 月

秋海棠

秋海棠四季开花。这种秋海棠能在深秋开放，是因为夏天没有被阳光直晒，有人定时施肥，做好保暖工作，这样既能开出更多的花，还能延长花期。在即将到来的冬日，用它来装点阳台真是棒极了！

植株：60 厘米 花期：秋季 果期：秋季

二候，草木黄落

秋天只剩最后十天了，草木的叶子大都变得枯黄了，秋风一扫，便开始飘落下来。

芦苇

乡间池塘边的芦苇远远望去好像一片金色的海洋。芦苇是大自然的清洁工，它的根、茎、叶子都有净化水质的本领。芦苇穗能做扫帚，花能填充枕头，根茎能用来制造纸。

植株：3 米 花期：8 ~ 10 月

三候，蛰虫咸俯

刺猬、老鼠、蛇和青蛙已经蜷缩在地下的洞穴里，不动弹，不吃食，准备舒舒服服睡过整个冬天。

冬枣

冬枣个儿大、皮薄、脆甜，因为多产自北方，成熟时已是深秋，天气转冷，得名冬枣。冬枣的花在夜间开放，果实大约要长 120 天才能离开树妈妈。冬枣家族中，成武冬枣的个儿最大，鲁北冬枣的味道最棒。

植株：10 米 花期：6 月 果期：9 ~ 10 月

甘蔗

这片甘蔗长势很好，有肥沃的土壤和温暖的阳光滋润着，加上昼夜温差大，非常适合它们生长。我们吃的蔗糖就是用甘蔗制成的。甘蔗的底部比上边甜，是因为底部储存了更多的营养。

植株：3 ~ 6 米 花期：7 ~ 9 月 果期：冬、春季

立冬，二十四节气中的第十九个节气，每年的公历 11 月 7 ~ 8 日之间交节。季节更替，冬天自此开始。

寒风送别了最后几片叶子，就剩下光秃秃的树枝了。白天越来越多短，夜晚越来越长。秋收冬藏，天地万物仿佛静止了。屋子里，一家人围坐一起吃着热腾腾的火锅。冬日进补正当时，以抵抗寒冷的天气。

红心萝卜

红心萝卜，又叫心里美萝卜，喜欢温和凉爽、温差较大的气候。它的根皮为白、粉红、青绿等色，内里为紫红色，口感脆甜，含有大量维生素和膳食纤维。俗语常说：“冬吃萝卜夏吃姜，不用医生开药方。”红心萝卜营养价值高，故有“小人参”之称。

植株：20 ~ 100 厘米 花期：秋季 果期：秋、冬季

初候，水始冰

立冬过后，天气寒冷，北方的气温已降到零度以下，院外的小河已经开始结冰了。再过些时日，等冰冻结实了，孩子们就可以去滑冰了。

茶梅

冬日里，百花相继凋零，茶梅开得正好，红的、粉红的、白的，色彩多样。茶梅兼具茶花和梅花的美，故得此名。茶梅喜欢阴冷的天气，花枝低，易修剪，可修剪成盆栽，美化庭院。

植株：12 米 花期：11 月至翌年 3 月

小雪

小雪，二十四节气中的第二十个节气,每年的公历11月22～23日之间交节。西北风起，小雪封地。

小雪节气刚过，雪花便踏着轻盈的舞步，来赴一场冬日盛宴。人们常说："风后暖，雪后寒。"雪花飘过，寒风凛冽，气温骤降。为了防止果树冻伤，果农将树干包裹或者涂漆，人们纷纷把蔬菜送入地窖储存，腌制过冬的食物。

初候，虹藏不见

到了小雪节气，降水越来越少了，天气变得异常干燥，太阳离我们越来越远，光照越来越弱，这样的天气条件不足以让彩虹现身。

青枣

青枣树能耐高温和低温，多被种在阳光充足、排水好的地方。青枣成熟了，一个个圆嘟嘟的小家伙挂满枝头，个儿不大，脆嫩多汁，体内藏着大量维生素，有“维生素丸”的美称。

花期：8 月 果期：11 月至翌年 2 月

白菜

白菜是北方冬天餐桌上的常客。农谚说：“立冬不砍菜，必定受灾害。”此时白菜生长快速，正在拼命抱芯，交节时最容易出现冷空气，农民伯伯只好忍痛采摘。采摘回来的白菜水分特别足，要晾晒几天才容易存放。

植株：40 ~ 60 厘米 果期：四季

荸荠

荸荠，又叫马蹄，生长在水田或沼泽地带。荸荠穿着紫黑衣裳，肉质洁白，被誉为“地下雪梨”。荸荠是位无私的美食贡献者，不仅可以生吃，还可做成罐头、马蹄糕、饮料等。

植株：50 ~ 90 厘米 花期：7 ~ 10 月 果期：秋季

冬笋

立冬前后，藏在泥土里面的冬笋宝宝长大了。冬笋是毛竹的地下茎，它比春笋、夏笋更有营养，炖汤、爆炒都可以。冬笋宝宝身体里藏着草酸，一定要用淡盐水先煮一煮才能吃。

成熟期：10 月至翌年 2 月

冬菇

摘下一朵一朵可爱的冬菇，搭配肉片炒制，营养又美味。冬菇含有丰富的蛋白质和微量元素，可以预防感冒、降低胆固醇。将冬菇抽掉水分，做成干冬菇，再泡发做菜，会有一种独特的香味。

成熟期：春、秋季

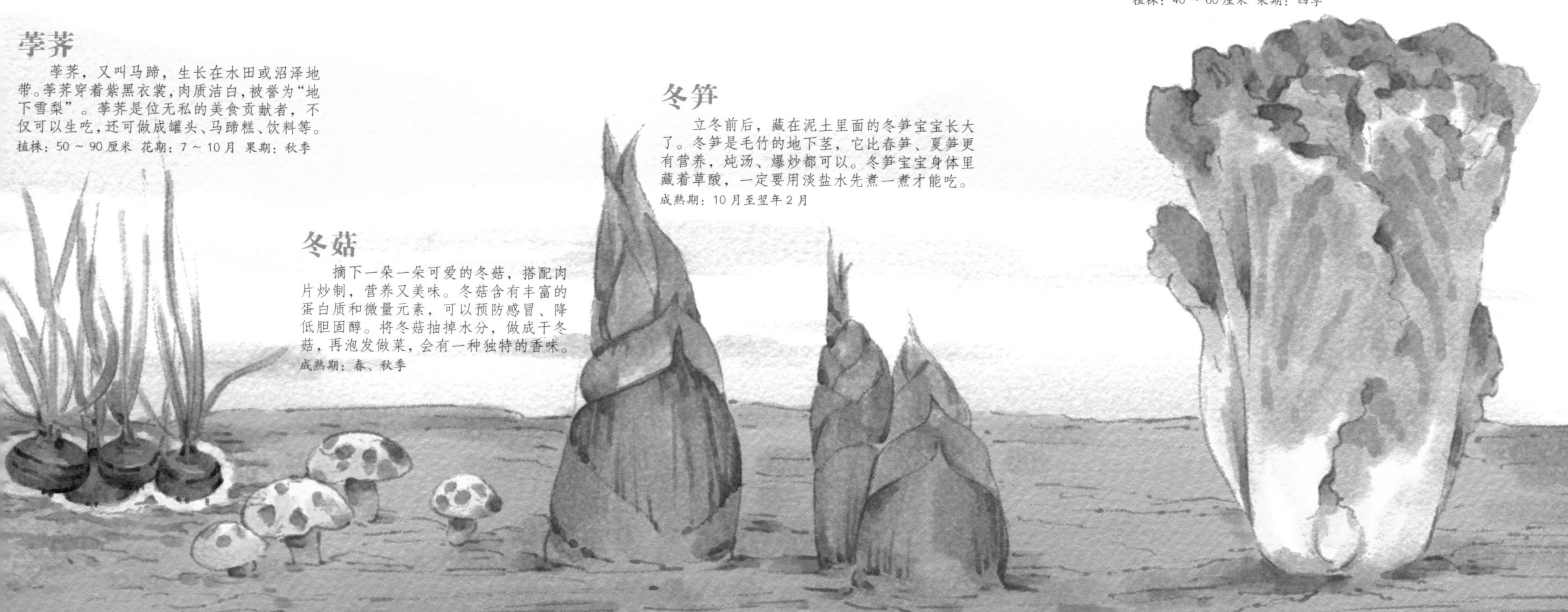

二候，地始冻

因为天气寒冷，土壤中的水分也开始凝冻，连带着土壤也变硬了。

三候，雉入大水为蜃

有很多小动物开始冬眠了，野鸡也不例外。古时候，人们在冬天里看不到野鸡的踪迹，恰巧在海边发现外壳与野鸡长得很像的大蛤蜊，就以为野鸡变成大蛤蜊了。

紫苤蓝

紫苤蓝不怕热不怕冷，在我国南方可以四季露地种植。它的茎清脆爽口，可凉拌，也可腌制。我们平常吃的咸菜，就是紫苤蓝的茎。

植株：30 ~ 60 厘米

雪松

雪松四季常绿，针叶翠绿且坚硬，被誉为“风景树皇后”。刚长出的针叶白白的，像穿上了小雪花送的漂亮外套。雪松在10月开花，果子于第二年成熟。红褐色的果实就像一个胖嘟嘟的大鸭蛋，人们常说那是雪松生的“蛋”。

植株：30米 花期：10～11月 果期：冬、春季

二候，天气上升地气下降

由于天空中的阳气上升，地下的阴气下降，一升一降使得两者无法达到平衡，造成阴阳失调，导致万物失去了生机，出现一片萧条的景象。

三候，闭塞而成冬

天空阴沉，大地上的草木都已经枯萎，河流结了冰，这番冬景满是闭塞感。

胡萝卜缨子

胡萝卜缨子是指胡萝卜的叶子。超市、菜市场售卖的胡萝卜几乎都是摘掉叶子的，其实胡萝卜缨子里藏着的维生素C、钙、铁、叶酸比根茎高。它可以炒着吃、做馅料等。

植株：60 厘米

菠菜

菠菜在唐代就来我国安家落户了，它的故乡在波斯（现伊朗）。菠菜的茎中间是空的，根带红色，叶子宽大。菠菜种子在4℃左右就可发芽，在我国一年四季都有种植。它被誉为“菜中之王”，富含大量钾，能够增强肌肉活力，多吃力气会更大哦。

植株：50 厘米 花期：5 月 果期：四季

大雪，二十四节气中的第二十一个节气，每年的公历12月6～8日之间交节，降雪增多，地面可能会有积雪。

“白雪堆禾塘，明年谷满仓。”大雪时节，降温降雪增多，有利于农作物的生长。此时北方千里冰封、万里飘雪，南方地区会出现冻雨，但果园里的枇杷花毫不畏惧，依然绽放枝头。

一场大雪过后，人们纷纷出门赏雪、堆雪人、打雪仗，玩得不亦乐乎。

葡萄柚

葡萄柚是热带水果家族成员，在我国南方地区安家。它那深绿色的叶子又细又长，盛开四瓣白色的花，果实像一个黄橙色的扁皮球，果肉多是红色和粉色，味道酸酸的，有的略带苦味。

植株：30米 花期：4～5月 果期：冬季

冬至

冬至，二十四节气中的第二十二个节气，每年的公历12月21～23日之间交节。“三九天”强劲来袭，速冻模式开启。

转眼间又到了冬至节气，人们叫它“冬节”，民间有“冬至大似年”的说法。冬至节气，北方大雪纷飞，江南菜麦青青，华南沿海鸟语花香。古时候，人们通过画九九消寒图来记录冬天的天数。

扶桑

寒冬季节，生长在南方的扶桑花开放了。一朵一朵喇叭状的花朵中间点缀着漂亮的花蕊，黄色的柱头格外显眼。扶桑花有红色、粉色、黄色等，花瓣分为单瓣和重瓣的。它的花、叶子、根都能入药。

植株：6米 花期：四季

初候，蚯蚓结

寒冷的冬天，蚯蚓蜷缩着身体，躲在洞穴里冬眠，毕竟现在离春天产卵还有些日子。蚯蚓的寿命大概为二至四年，一对蚯蚓一年能繁殖一千多只蚯蚓宝宝，太不可思议了。

柏树

柏树高大挺拔，四季常绿，它的家族庞大，遍布全国。世界上的柏树大概有150种。柏树浑身都是宝，树干可制成家具或用来盖房子等，种子可榨油或用于制香皂，叶子是兔子的美餐。北京有很多树龄在500年以上的古柏在古寺名刹中，每年都有很多游客前来观赏。

植株：20米 花期：3～5月 果期：冬季

三候，荔挺出

继老虎之后，荔挺也感受到了阳气的萌动，努力抽出新芽。荔挺是一种兰草，花没有香味，长得很像蒲草，独根，根部非常坚硬，可以制成刷子。

大葱

“不长枝来不生杈，叶子顶上开白花，脑袋睡在地底下，胡子长了一大把。”说的就是大葱。大葱多在北方种植，好成活，且不易被虫子咬，还特别好储存，是深受人们喜爱的调味品。

植株：30～70厘米 花期：6～7月

二候，虎始交

天气异常寒冷，天地间阴气到达顶峰，盛极而衰，此时阳气已经开始萌动。每年这个时候，阳气的代表——老虎开始求偶。

初候，鹖旦不鸣

相传鹖旦就是寒号鸟。在寒冷的冬天，寒号鸟被冻得都不鸣叫了。寒号鸟不是鸟，而是一种鼠，它常把家安在高大的树木上或石穴中，白天休息，夜间外出觅食。

二候，麋角解

麋鹿的故乡在中国。它们头长得像马，脖子像骆驼，角像鹿，尾巴像驴，故得名“四不像”。每年冬至时节，鹿角开始脱落，等到冬去春来，便开始重新生长。麋鹿生活在水草丰盈的地方，爱吃青草和水草，是游泳高手。

三候，水泉动

此时阳气流动，深藏在地下的温泉并没有结冰，慢慢流动着。泡温泉的季节又到了。

竹子

竹子生长速度快，各个竹节同时生长，由于根茎里少了形成层，所以竹子很难长胖，一直在蹿个子。竹子四季常青，不畏风雪。它的用途可多了，可被制成家具、竹炭包、竹纤维衣服等。

花期：4 ~ 5 月 果期：秋季

油菜

此时正值冬油菜生长旺盛期，嫩绿的油菜小时候的叶子上散生着一些刚毛，长大后就消失不见了。油菜炒着吃、做汤吃都行，种子还能被制成菜籽油，供人们食用。

植株：30 ~ 90 厘米 花期：3 ~ 4 月

小寒，二十四节气中的第二十三个节气，每年的公历1月5～7日之间交节。它的到来，宣告季冬时节的正式开始。

数九天里，院子里的腊梅花香正浓；果园里，果农忙着摇落果树上的积雪；屋子里，人们通常会在这时熬制腊八粥、腌制腊八蒜。

民间有“三九四九冰上走”的说法，人们纷纷穿上厚厚的棉衣，走出家门，去村外冰封的河面上玩耍了。

初候，雁北乡

在南方生活整个冬天的大雁，于小寒时节开始往北飞，它们排成整齐的队伍，正飞快地赶路。待到春暖花开时，它们就能回到家乡，繁衍新生命了。

水仙花

花盆中泡着的白色“大蒜头”鳞茎中抽出了又细又长的绿叶子，挺拔向上生长着，没过多久便开出了鹅黄色的水仙花。水仙花分为单瓣型和重瓣型两种。它的鳞茎是有毒的，千万不要误食。

植株：20～40厘米 花期：冬、春季

年年有余

大寒

大寒，二十四节气中的最后一个节气，每年的公历 1 月 19 ~ 21 日之间交节。大寒一过，即将迎来新的节气轮回，春暖花开的日子慢慢走近了。

大寒时节，雨水少，天气依旧寒冷，户外一片萧条，乡村却呈现出一番热闹的景象。人们开始忙着为即将到来的春节做准备：全家一起打扫房间、赶大集、置办年货，忙得不亦乐乎。

初候，鸡乳

乳，养育。冬去春来，万象更新，天气即将回暖。鸡妈妈已经为孵育鸡宝宝做好了万全的准备。

蜡梅

虽然大雪飘过，蜡梅花却傲然绽放。那嫩黄色的花朵，从深冬开到初春时节，散发着沁人心脾的香气，待花快凋谢了，便长出嫩绿的叶子。蜡梅花入药可治咳嗽，也可制成香料，但果实有毒。

植株：4 米 花期：11 月至翌年 3 月 果期：4 ~ 11 月

山茶花

每年的 1 月至 3 月，园子里的山茶花开得最盛，红的、白的，各有各的美。山茶四季常青，花瓣可制成香甜可口的山茶饼，种子可被制成山茶油。

植株：3 ~ 9 米 花期：11 月至翌年 5 月 果期：9 ~ 10 月

二候，鹊始巢

喜鹊是留鸟，它们会先大雁一
把家搬到离人们不远的大树上。
鹊营巢大概需要四个月，别看它
的房子外面都是粗糙的树枝，其
内部结构十分精致，就连用棉絮、
毛等做成的褥子都不缺。

三候，雉始雊

野鸡会在这时候感觉到阳气的变化，开始扯着嗓子鸣叫，仿佛在说：“春天离我们不远啦！”

四季小白菜

小白菜的种子在冰点以上就可能萌动，在我国南方地区的冬天可栽培，产量高。它的味道鲜美，含有的维生素和矿物质在蔬菜排行榜第一。

植株：25 厘米 成熟期：秋、冬季

二候，征鸟厉疾

此时，鹰隼一类的鸟捕食状态极佳，它们直冲蓝天，伺机寻找猎物，准备饱餐一顿，以抵抗寒冷的天气。

三候，水泽腹坚

从立冬到大寒，寒冷不断升级。河流里的冰不断加厚，形成了一年中最厚、最结实的冰块，这印证了“冰冻三尺，非一日之寒”的说法。

兰花

按开放季节，兰花可分为春兰、夏兰、秋兰和冬兰。它的花色多，有白、黄绿、红、淡黄色等，味道幽香。兰花与梅、竹、菊并称为花中四君子。兰花的结构与众不同，为了便于昆虫帮忙传粉，才长成现在这般模样。

植株：40 ~ 100 厘米

瑞香花

瑞香四季常绿，花蕾是红色的，盛开时花瓣是淡白色，花香浓郁持久，又因在春节前后盛开，有祥瑞之意，因此得名。它是江西省赣州市的“市花”。

植株：60 ~ 90 厘米 花期：3 ~ 5 月 成熟期：7 ~ 8 月

随着中国传统节日春节即将到来，到处都洋溢着欢乐的气氛，足以驱散严寒。渐渐地，冬天即将远去，春天的脚步越来越近了，二十四节气至此轮回。